台北市劍潭里
植物文化

劉 秋 蘭 著

藝 術 叢 刊
文史哲出版社印行

國家圖書館出版品預行編目資料

台北市劍潭里植物文化 / 劉秋蘭著. -- 初
版 -- 臺北市：文史哲, 民 107.10
頁；公分（藝術叢刊；22）
ISBN 978-986-314-442-7 (平裝)

1.植物 2.文化研究 3.台北市

375.233/101   107017898

藝 術 叢 刊　22

台北市劍潭里植物文化

著　　者：劉　　　秋　　　蘭
出 版 者：文 史 哲 出 版 社
　　　　　http://www.lapen.com.tw
　　　　　e-mail：lapen@ms74.hinet.net
登記證字號：行政院新聞局版臺業字五三三七號
發 行 人：彭　　　正　　　雄
發 行 所：文 史 哲 出 版 社
印 刷 者：文 史 哲 出 版 社
　　　　　臺北市羅斯福路一段七十二巷四號
　　　　　郵政劃撥帳號：一六一八〇一七五
　　　　　電話886-2-23511028・傳真886-2-23965656
實價新臺幣二八〇元

二一〇八年（民 107）十一月初版

本書榮獲國立臺北科技大學
一〇七年教育部高等教育
深耕計畫—善盡社會責任經費補助出版
特此致謝

自 序

　　2011 年，有幸執行手抄紙之研究，並於 2014 年與埔里抄紙藝師及紙廠合作赴法參加國際展 Paper is not dead，至今，筆者一直從事與造紙植物文化相關研究。期間受益於埔里資深造紙業者及國內樹木和植物研究專家張豐吉教授，筆者感念在心。

　　這些樹木與植物文化研究的累積，促使筆者有幸參與國立臺北科技大學 107 年高教深耕計畫(善盡社會責任 USR)──臺北市劍潭里的社區服務工作，有機會貢獻所學。在此書即將付梓之際，特別感謝國立臺北科技大學對筆者的栽培，特別是教務處、工程學院院長暨環境工程與管理研究所教授張院長添晉、劍潭里畢無量里長、陳孝行教授和王立邦教授給予機會參與，更在研究撰稿期間不斷地鼓勵。文史哲出版社彭雅雲小姐耐心校對、協助出版；更感謝靖群、詩涵、詠嫣、彥彰、婷文、怡靜、心屏、容禎、蓴蓴、念芸、品萱、學怡大力協助，請大家接受個人最誠摯的謝意。

劉秋蘭 謹誌於國立臺北科技大學
二〇一八年十一月一日

導　論

　　劍潭里，為一處位於臺北市中山區的世外桃源。地處經年高溫多雨的副熱帶季風區，使此處的植被蓊鬱長青，經田野調查發現，劍潭里內的力行三號公園與劍潭里民中心為生長茂盛之處，分別有 21 株和 25 株不同種類的樹木與植物。而其名由來有許多種說法，最廣為人知的即是鄭成功以寶劍降伏魚怪「劍潭」傳說。而在《臺灣志略》中則有更確切的描述：「劍潭，有樹名茄苳，高聳障天，大可數抱，峙於潭岸。相傳荷蘭人插劍於樹，生皮合，劍在其內，因以為名。」可知「劍潭」的地名早在荷蘭人到臺灣時就已經出現，並且與荷蘭人有關。

　　因受到山坡地形的影響，劍潭的宗教文化呈多元性。除了有臺北最古老的佛寺曾設置於此之外，日治時期更將劍潭作為臺灣神社的座落地，而國民政府搬遷來臺，將神社改為忠烈祠以及現今的圓山大飯店，日後此地更成為眷村聚集地之一。劍潭里的國民革命忠烈祠為中央政府之專祠，因每天有禮兵交接儀式，故成為觀光景點之一。劍潭里因國防部、國防部海軍司令部和國防部空軍司令部都設置於此，因此成為軍事要地。

本書創作原因

　　本書的創作與相關 APP 之設立，係因劍潭里為臺灣綠化典範，藉由植物文化的編排、撰寫，讓當地居民更加瞭解社區的環境。透過編纂詳細的圖片目錄，使居民在尋找特定樹木或植物時，可比對植物的外貌特徵，並親近大自然。在本書第三章節中，將力行三號公園與劍潭里民中心做區別，前者樹木較多，後者則植物較多。文中附以詳實的資料項目，使居民能夠對植物更加清楚瞭解，如名稱的部分可分為英文名、學名與科名、別名與俗名，植物的原產地與生長習性或生活型，毒性的有無，花期、花色之不同，植物的用途等。

本書創作期許

　　近年來，劍潭里致力於生態綠化與環境保護，不僅於 2013 年得到全國第一個碳中和社區之殊榮，更代表臺北市參加第一屆國家環境教育獎，榮獲優等，甚至受到聯合國國際宜居城市銅牌獎的肯定，為臺灣低碳社區的典範。當地居民會在閒置的空地、屋頂、牆面植栽，並建立太陽能、風力發電、雨水貯留再利用系統，推動綠建築的興建，且將落葉回收再利用，一方面能將棄置的落葉妥善處理，美化市容；另一方面可作為天然堆肥，達到自然資源的循環，透過和企業、學校合作，舉辦義工培訓，將低碳永續經營、資源回收、垃圾減量等知識

普及。

　　環保，應從自身做起。劍潭里期望將這樣的理念傳遞出去，使家家戶戶都能藉此機會，好好認識自己所生活的這片土地，以本地歷史為基礎，瞭解當地的社會、風土民情，進而友善環境。藉由本書的發行，希望未來在公園散步不只是休閒娛樂，更是生活教育的一環，使居民從小知道好好善待這些一草一木，共同維護、營造出一個完美、自然且環保的天地。

本書使用說明

建構植物資料的目的

　　使民眾辨別出劍潭里民中心及力行三號公園的樹木與植物，並且更加認識該植物的特徵與習性，引發對大自然的好奇心。

為何將力行三號公園與劍潭里民中心分開做

　　兩個區塊所在地不同，樹木、植物分布也不盡相同。力行三號公園的樹木較多；而劍潭里民中心則是植物較多，因此我們認為分開做是較合適的方法。

為何要做圖目錄

　　尋找特定樹木或植物時較為方便，讓民眾可以一邊比對植物的外貌特徵，一邊在里民中心與力行三號公園中探索大自然。

為何同一種類的樹木會有兩個編號

如：樟樹的編號為力行 05 樹、里民 12 樹，即表示此樹種在兩處皆有種植。

樹木、植物資料使用說明

- 英文名：英文是世界通用語言，現在也有越來越多外國人在臺觀光與生活，為了讓大家都能認識劍潭里的植物，所以放上英文名。
- 學名與科名：這是植物學界中的專業名稱，能看出該植物的類別。
- 別名：其中包含俗名，也就是我們耳熟能詳的名稱。
- 原產地與生長習性：原產地就是植物的出生地，該地的氣候環境即是最適合該植物生長的環境。
- 生活型：可以知道該植物的型態，以及是否會落葉。
- 是否有毒：讓民眾能小心觀賞，不要誤觸有毒植物。
- 花期與花色：讓人們了解到在一年中哪個季節能欣賞到花的盛放與花的不同顏色、型態。
- 觀賞重點與性狀：講述該植物的特徵。
- 用途：其他觀賞、藥用。
- 故事：將植物與日常生活做連結，從不同角度認識植物。
- 資料來源：標明出處。

臺北市劍潭里植物文化

目 次

圖表目次

如何使用圖表目次

前面的數字代表的是章節數，如圖 2，「－」後面的則是代表為該章節的圖片順序，如 1：全緣葉。

一、劍潭里小故事

圖 1－1：臺北市行政區劃圖[1]

---

[1]　臺北市行政區劃，2006 年，https://commons.wikimedia.org/wiki/File:Taipei_Districts.PNG，取得日期：2018/07/20。

圖 1-2：中山區里劃分圖[2]

　　劍潭里位在臺北市的中山區，是中山區最北且最大
的一個里，1990 年由培英、崇實及劍潭里三里合併而

---

[2] 臺北市中山區行政區域圖，http://zh.taiwan.wikia.com/wiki/
File:%E8%A1%8C%E6%94%BF%E5%8D%80%E5%9F%9F%E
5%9C%96.png，取得日期：2018/07/20。

成。[3]範圍涵蓋基隆河中段以北、崇實路以西、中山北路四段以東、雞南山稜線以南。[4]基隆河段古時確有一潭，但在基隆河截彎取直後便消失了。而「劍潭」之名由來有許多種說法，傳說鄭成功來臺灣率兵經過此河段時，遇到神怪魚精所造成的大風、漩渦，鄭成功拋出了身邊的寶劍來降伏怪物，後人為了紀念此事遂將該地命名為「劍潭」。[5]

---

[3] 臺北市政府民政局編，《臺北市區里界說》，臺北：臺北市政府民政局，1991 年，頁 326。劍潭里本里特色，臺北市鄰里服務網，https://li.taipei/News_Content.aspx?n=D373CE02608829DA&sms=D982815F3A372FF5&s=A5E2DD2D0AC5FE3C，取得日期：2018/07/20。

[4] 同註 3，頁 326。劍潭里基本資料，臺北市鄰里服務網，https://li.taipei/News_Content.aspx?n=461CDD818B7E827B&sms=D982815F3A372FF5&s=A5E2DD2D0AC5FE3C，取得日期：2018/07/20。

[5] 同註 3，頁 326。

圖 1－3：劍潭舊址碑[6]

　　傳說之外，也在歷史文獻中看到其他記載：「劍潭，有樹名茄苳，高聳障天，大可數抱，峙於潭岸。相傳荷蘭人插劍於樹，生皮合，劍在其內，因以為名。」《臺灣志略》中的敘述則顯示「劍潭」的地名早在荷蘭人到臺灣時就已經出現，並且與荷蘭人有關。[7]

---

[6]　劍潭遺址，2006 年，https://commons.wikimedia.org/w/index.php?curid=609689，取得日期：2018/07/20。
[7]　尹士俍修纂，李祖基點校，《臺灣志略》，北京：九州出版社，2003 年。

　　因為山坡地形因素，劍潭另一特色就是有許多宗教寺院傍山而立，顯示出此一地區宗教文化的多元性，包含圓通巖、福正宮等多處宗教建築，還有 1773 年建立的劍潭古寺，又名劍潭寺、觀音寺，是臺北盆地最古老的佛寺之一，主要祭祀觀世音菩薩，1923 年由陳應彬主持重修，擴建為三殿式，正殿平面成八角形，三層簷，頂層為四角形歇山重簷，造型罕見，後來雖在 1937 年拆遷到大直現址，但還保留部分當時文物、石碑、廊柱。[8]

圖 1-4：位在劍潭山時的劍潭寺[9]

---

[8] 湯熙勇主編，《臺北市地名與路街沿革史》，臺北：臺北市文獻委員會，2002 年，頁 173。
[9] 臺北圓山劍潭寺，日治時期明信片，

　　日治時期的劍潭一帶被稱為「大宮町」，因為臺灣神社（臺灣神宮）座落於劍潭山山頂，主要為了祭祀死於臺灣的北白川宮能久親王，在臺灣總督兒玉源太郎的主持下建於 1901 年，選擇此地興建的原因是劍潭山的風水良好。此外，這也是當時臺灣最重要的一座神社，稱為「臺灣總鎮守」，1923 年 4 月 12 日裕仁太子（後來的昭和天皇）到臺灣時，也專程前往參拜，在日治後期皇民化運動的推行之際，更成為附近地區居民的信仰中心，同時對人民實施教化的作用。[10]

---

https://commons.wikimedia.org/wiki/File:%E8%87%BA%E5%8C%97%E5%9C%93%E5%B1%B1%E5%8A%8D%E6%BD%AD%E5%AF%BA.JPG，取得日期：2018/07/20

[10] 臺灣神社社務所編纂，《臺灣神社誌》，臺北：臺北印刷株式會社，1934 年，頁 51-54。

圖 1-5：臺灣神社全圖[11]

---

[11] 下方可見明治橋與基隆河。Painting of Taiwan Grand Shrine，臺灣博覽會政府宣傳資料，1930 年，https://commons.wikimedia.org/wiki/File:Painting_of_Taiwan_Grand_Shrine.jpg，取得日期：2018/07/20。

　　戰後國民政府遷至臺灣，被視為殖民象徵的神社遭到廢除，土地收歸國有，臺灣神宮所在地日後成為中央廣播電臺等建築，「臺灣護國神社」改建為「忠烈祠」，舊有的臺灣神社（劍潭山頂）拆除後建設為臺灣大飯店，1952 年由宋美齡等人所組成的「臺灣省敦睦聯誼會」接手經營，並改稱為圓山大飯店。1973 年改建成 14 層飯店建築，1975 年神宮部分改建為圓山聯誼會。[12]

---

[12] 黃金土主編，《臺北古今圖說集》，臺北：臺北市文獻委員會，1992 年，頁 56-57。
臺北圓山聯誼會，http://www.grand-hotel.org/club/zh-TW/?Psn=5140，取得日期：2018/07/24。

圖 1−6：圓山大飯店與中央廣播電臺[13]

　　此外，國民政府時期，劍潭里成為大臺北地區眷村聚集地之一，大批中國遷徙而來的新移民居住於此，至今眷村人口仍佔劍潭里總戶數六成左右。

　　劍潭里的國民革命忠烈祠（一般也稱圓山忠烈祠或臺北忠烈祠）為中央政府之專祠，兼有首都忠烈祠之功能，是中華民國全國崇祀國殤位階最高的場所，目前奉

---

[13] Grand Hotel Taipei and Central Broadcasting System，2010年，https://commons.wikimedia.org/wiki/File:Grand_Hotel_Taipei_and_Central_Broadcasting_System_20040809.jpg，取得日期：2018/07/20。

祀殉職官兵共 40 餘萬人。現在是國際人士來臺訪問時，向殉難英烈致敬的代表場所。另外因為每天儀隊交接儀式，使圓山忠烈祠成為臺北市特別受到外國旅客造訪的一處觀光景點。除此之外，國防部、國防部海軍司令部和國防部空軍司令部也都在劍潭里內，劍潭里可以說是一個絕對的軍事要地。

圖 1－7：國民革命忠烈祠[14]

---

[14] 國民革命忠烈祠前的中華民國陸軍儀隊禮兵，2007 年，
https://commons.wikimedia.org/wiki/File:ROCA_Honor_Guard_
at_National_Revolutionary_Martyr%27s_Shrine_20070806.jpg
，取得日期：2018/07/20。

　　經過全體居民積極參與後，劍潭里成為一個臺北市民週末休閒的好去處，透過社區公園化，讓居民可以置身綠蔭之下，忙裡偷閒，享受美好的時光。其實因為劍潭山的風景明媚，又能登高望遠，早在清領、日治時期就有許多文人在此作詩懷古，如今不管是山腳下的八二三炮戰紀念公園（北安公園），或是山上的劍潭山親山步道、圓山風景區，都是現代人親近大自然的好選擇，晚上更能與親朋好友一同俯瞰臺北市的夜景。

　　近年來，劍潭里致力於生態綠化、節約能源和環境保護，不僅在閒置的空地、屋頂、牆面植栽，強調生態工法，建立太陽能、風力發電系統、雨水貯留再利用系統，　推動舊建築節能改善並且鼓勵綠建築，透過和企業、學校合作，舉辦義工培訓，將低碳永續經營、資源回收、垃圾減量等知識普及給所有里民。2013 年完成區域溫室氣體盤查工作，成為「全國第一個碳中和社區」，更代表臺北市參加第一屆國家環境教育獎，榮獲優等獎，而且受到聯合國國際宜居城市銅牌獎的肯定。[15]

　　劍潭里內共有忠孝、仁愛、信義、和平，圓山新城、大直花園 6 個社區，但現在的劍潭里更是一個共榮的樂活社區、是全臺灣低碳社區的典範，從里長開始以身

---

[15] 臺北市中山區劍潭里，低碳永續家園資訊網，
　　https://lcss.epa.gov.tw/LcssViewPage/Responsive/AreaResult.as
　　px?CityID=63000&DistrictId=6300400&VillageID=6300400013
　　，取得日期：2018/07/20。

作則，像是為落實「低碳運輸」，里長提倡青年以徒步方式上學，不僅減少使用交通工具的污染，達到減少碳排放量。[16]在這樣的領導下，里長與里民共同努力，互相配合且有效執行，一步步達成一個更適合居住的地方，在臺北市中心，倚靠著劍潭山，這個地方有一個世外桃源——劍潭里。

---

[16]〈臺北綠寶石-劍潭里低碳樂活社區〉，低碳永續家園資訊網，https://lcss.epa.gov.tw/LcssViewPage/Responsive/CommunityDetail.aspx?Id=F3003C525E33002 93055EE85FD17425E，取得日期：2018/07/20。

二、葉與花

（一）葉的生長

葉為行光合作用及蒸散作用的器官，高等植物依靠它來合成碳水化合物以及進行新陳代謝。葉是莖的扁平狀綠色附屬物，它們在莖上排列是為了有更大的面積來吸收光照，而葉的構造又分為葉片、葉柄和托葉；葉在莖上的排列方式又細分為：互生、對生、輪生和叢生（簇生），以下將就葉緣的不同型態作說明。

全緣葉

葉緣完整無鋸齒或缺刻，平滑而無凹凸、裂齒的葉片。

波狀葉

葉緣起伏成圓滑之波浪狀波動,故波狀葉緣乃上、下波浪而非平面內外波形缺刻,或指葉緣不在同一平整表面者。

齒狀葉

葉緣像尖銳的牙齒,且齒尖向外。每一鋸齒成等邊三角形,齒端朝外,由齒端向葉片之中肋可做成垂直線。

圓鈍齒葉

每一鋸齒端成圓鈍狀,沒那麼銳利的尖角。

鋸齒狀葉

葉緣具銳尖的齒狀缺刻，而
每一齒刻均朝向葉端排列。

深裂狀葉

葉片邊緣分裂，裂片深裂快
近中肋或主肋分叉處。

（二）花的生長

　　顯花植物的生命過程，從萌芽到根、莖、葉的營養
生長，逐漸茁壯，除了體積與重量不斷增加之外，莖上
的芽體也會經過特化而成生殖生長，也就形成我們所知
的「花」，是植物的生殖器官，植物盛放花朵，目的在
於傳宗接代，藉由風、水或是昆蟲等媒介的幫助，達成

傳播的目的。

花的組成,通常有四個部位:花萼、花冠、雄蕊、雌蕊,同時具備上述四個部位的花稱為「完全花」,如果缺少其中之一則稱為「不完全花」;此外,花也可以分為單性花和兩性花、整齊花和不整齊花。以下將就花序的不同型態作說明。

1.無限花序

總狀花序

具帶柄花朵,該短柄稱之為花梗(軸),花軸單一,沿花序軸排列,早開的花位於底部,新開的花位於頂部。

圓錐花序

為總狀花序的複數組合,每一小花梗為一單獨的總狀花序,組合成寶塔狀,各枝排列不規則。

繖形花序

小花梗幾乎等長的小花生於
花序軸頂端,整個花序看來
呈扇形或圓球形。

複繖形花序

由花序梗頂點分出側梗,再
由側梗頂點分出小側梗,重
複呈現繖形單位,開花次序
由外而內。

繖房花序

小花梗雖長度不同,排列在
一不分枝的花軸上,但各花
頂端切齊,呈齊頭狀。

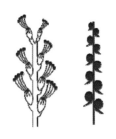

穗狀花序

沒有小花梗，直接排列在一
支不分枝的花序軸上。

肉穗花序

無柄單性小花生於肉質膨大
的花序軸上，上部小花為雄
性，下部小花為雌性。

佛焰花序

為天南星科植物所特有，是
肉穗花序的一種，花軸肥
厚、多肉質，根部包有一个
佛焰苞。

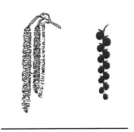

葇荑花序

花軸柔軟下垂，著生無梗小花，雌、雄分別生長在不同花序上。

頭狀花序

由許多無柄的小花共生於球形或圓錐形或扁平（盤狀）的花序軸上，外圍小花先開。

隱頭花序

小花均聚集在肉質中空的花托內。

2.有限花序

單頂花序

每一花莖僅開一朵花,花徑通常很大,是標準的蟲媒花。

聚繖花序

花序最內或中央的一朵花最先開放,然後漸及於兩側開放。

3.混合花序

密錐花序

由許多聚繖花序成圓錐花序排列,整個花序的小花開放無一定次序,但在小聚繖花序中仍是中央先開。

三、樹木、植物分布與說明

力行三號公園

1.黑板樹

2.臺灣欒樹

3.茄苳

4.榕樹

5.樟樹

6.羊蹄甲

7.洋紫荊

8.艷紫荊

9.水黃皮

10.羅漢松

11.大花紫薇

12.海棗

13.小葉欖仁

14.椰榆

15.榆樹

16.山櫻花

17.阿勃勒

18.小葉南洋杉

19.輪傘莎草

20.水芙蓉

21.玉蘭花

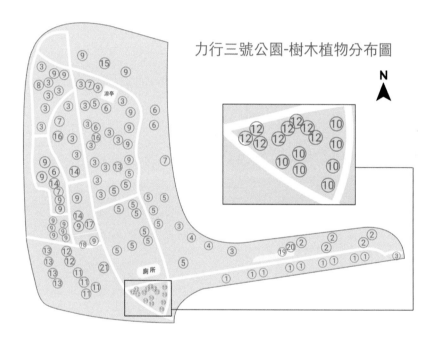

圖 3-1：力行三號公園樹木、植物分布圖

劍潭里民中心

1.樹蘭

2.冬青

3.法國海棠

4.馬纓丹

5.金露花

6.黃椰子

7.變葉木

8.四季秋海棠

9.榕樹

10.茄苳

11.黛粉葉

12.樟樹

13.馬拉巴栗

14.直立牽牛花

15.朱蕉

16.海桐

17.扁擔杆

18.百香果

19.翠蘆莉

20.山櫻花

21.仙丹花

22.朱槿

23.鑲邊竹蕉

24.武竹

25.落羽松

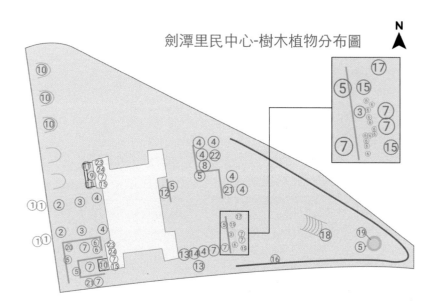

圖 3－2：劍潭里民中心樹木、植物分布圖

01. 力行 01 樹

中 文 名　黑板樹

英 文 名　Palimara alstonia, Green Maple,
Devil tree, Dita bark, Green
maple, Milk wood, Milky pine,
Pali mara, Palimara alstonia,
White cheesewood

學　　名　Alstonia scholaris （L.） R. Br.

科　　別　夾竹桃科

別　　名　乳木、象皮木、凳板風、魔神樹、麵條樹

原 產 地　印度、馬來西亞、菲律賓、爪哇、泛熱帶分布

生 活 型　常綠大喬木

是否有毒　有毒

花　　期　3~6 月

花　　色　綠白色

生長習性　適合生長在溫度較高、潮濕多雨，而且排水良好的
通風環境。

觀賞重點　樹幹、樹形

性　　狀　樹高約 15~30 公尺，樹幹垂直筆挺，樹皮為灰黑
色。將枝葉折斷，即可見其分泌白色有毒乳汁。掌
狀複葉（一枝葉柄長了五片以上的小葉，小葉在柄
端排列成手掌狀），為全緣葉，葉緣平滑完整，沒
有任何缺刻。花有淡淡馨香，為聚繖花序（花序最

內或中央的一朵花最先開放，然後漸及於兩側開
放）。果實細長形，從樹上垂下，成熟時為淡褐色。
種子有淡褐色細毛，靠風傳播繁衍。

用　　途　1.園景美化：庭園樹或行道樹。
　　　　　　2.黑板、合板、箱子、臨時建材。

圖 3-3 黑板樹

資料來源

行政院農業委員會林業試驗所臺北植物園 —— 黑板樹
https://tpbg.tfri.gov.tw/PlantContent.php?rid=578
（下載日期：2018/7/2）

國立臺灣大學生態學與演化生物學研究所 —— 黑板樹
http://tai2.ntu.edu.tw/PlantInfo/species-name.php?code=514%

20028%2001%200（下載日期：2018/7/2）

臺北市政府工務局公園路燈工程管理處 ── 黑板樹
https://parks.taipei/Web/Plant/Detail/14CD2340480349D8B4
E241B5737B9398（下載日期：2018/7/2）
貓頭鷹出版自然系圖鑑 ── 黑板樹
http://naturesys.com/plant/species/plant-002-00003/%E9%BB
%91%E6%9D%BF%E6%A8vu%B9Palimara+Alstonia
（下載日期：2018/7/2）

02. 力行 02 樹

中 文 名	臺灣欒樹
英 文 名	Flame goldrain tree, Flamegold, Gloden rain tree,
學　　名	Koelreuteria formosana Hay.
科　　別	無患子科
別　　名	臺灣欒華、拔仔雞油、拔子雞油、苦楝舅、苦苓江、苦苓舅、臺灣金雨
原 產 地	臺灣原生生活型落葉大喬木
是否有毒	有毒
花　　期	9~10 月
花　　色	黃色
生長習性	適宜在充足日照下生長，耐乾旱貧瘠，而且可以在任何土壤中存活，此外，抗風能力尤強。
觀賞重點	春天欣賞綠葉，夏天滿株濃綠，秋天初期花團錦簇，冬天果實轉紅，冬末果實乾枯。四季呈現出不同的色彩，所以有「四色樹」的封號。
性　　狀	樹高可達 15 公尺，樹皮為灰褐色，樹枝上密布皮孔。小葉互生（每節只有生長一片葉子，依次交互排列），二回羽狀複葉（一枝葉柄兩側長了許多小葉，排列成羽毛狀），葉面光滑不粗糙。圓錐花序（為總狀花序的複數組合，每一小花梗為一單獨的總狀花序，組合成寶塔狀）。種子黑色圓形。
用　　途	可用作行道樹、園景樹、綠化美化樹種，具有吸收空氣廢氣的能力。欒樹完整的褐色苞片，

　　是天然的乾燥花。黃花可提煉黃色染料，也可
入藥，治療眼睛紅腫。堅硬圓黑的種子，稱為
木欒子，可穿成念珠。

故　　事　臺灣欒樹不只是土生土長的臺灣特有樹種，更
是名列世界十大名木之一。

圖 3-4 臺灣欒樹

資料來源

國立臺灣大學生態學與演化生物學研究所 —— 臺灣欒樹
http://tai2.ntu.edu.tw/PlantInfo/species-name.php?code=426%
20006%2001%200（下載日期：2018/7/2）

貓頭鷹出版自然系圖鑑 —— 臺灣欒樹
http://naturesys.com/plant/species/plant-034-00001/臺灣欒樹
Flame+Gold（下載日期：2018/7/2）

03. 力行 03 樹、里民 10 樹

中 文 名	茄苳
英 文 名	Autumn Maple, Red Cedar
學　　名	Bischofia javanica Blume
科　　別	大戟科
別　　名	重陽木、加冬、紅桐、秋楓樹、烏陽
原 產 地	臺灣原生種、中國大陸、馬來西亞、印度、熱帶及亞熱帶地區
生 活 型	半落葉大喬木
是否有毒	有毒
花　　期	3~5 月
花　　色	淡綠色
生長習性	適合生長在低海拔溫暖濕潤的平地，抗風能力強，而且耐旱。
觀賞重點	葉子、樹形
性　　狀	樹皮粗糙。葉子呈卵形或長橢圓形或橢圓形，葉緣細鋸齒狀；圓錐狀花序（為總狀花序的複數組合，每一小花梗為一單獨的總狀花序，組合成寶塔狀），花小，無花瓣。果實圓形。
用　　途	適合當防風林與行道樹，是一種環保樹，水土保持的效果良好。果實、嫩葉均可食用，另有解毒、解熱、益筋骨、利尿、消炎、助發育等藥用功效。

故　事 大而老的茄苳樹被以前的人視為神木，他們會在樹幹上綁上紅帶子，成為民間膜拜的大樹公。

圖 3-5 茄苳

資料來源

行政院農業委員會林業試驗所臺北植物園 ── 茄苳
https://tpbg.tfri.gov.tw/PlantContent.php?rid=153
（下載日期：2018/7/2）

國立臺灣大學生態學與演化生物學研究所 ── 茄苳
http://tai2.ntu.edu.tw/PlantInfo/species-name.php?code=415%
20005%2001%200（下載日期：2018/7/2）

臺北市政府工務局公園路燈工程管理處 ── 茄苳
https://parks.taipei/Web/Plant/Detail/B07F3138D87C48C4A9
F4023B00340093（下載日期：2018/7/2）

貓頭鷹出版自然系圖鑑 ── 茄苳
http://naturesys.com/plant/species/plant-016-00001/%E8%8C
%84%E8%8B%B3Autumn+Maple（下載日期：2018/7/2）

04. 力行 04 樹、里民 09 樹

中 文 名	榕樹
英 文 名	Chinese banyan, India laurel fig, Malay banyan, Marabutan, Small-leaved banyan, Yongshun
學　　名	Ficus microcarpa L. f.
科　　別	桑科
別　　名	榕、鳥榕、赤榕、山榕、鳥屎榕、正榕、松榕
原 產 地	臺灣原生、泛熱帶分布
生 活 型	常綠大喬木
是否有毒	有毒
花　　期	隱花，無法觀賞
花　　色	隱花，無法觀賞
生長習性	喜陽光充足，適合在溫暖濕潤氣候生長，不耐旱，在潮濕空氣中能有助於氣生根的生長（用以在空氣中吸收水氣）。
觀賞重點	氣生根、支柱根、樹形
性　　狀	樹高可達 20 公尺，樹幹粗壯。葉面質地為革質，厚而呈現皮革狀，表面光滑。果實成熟時呈紅或紫黑色，無柄。
用　　途	適作防風林、盆景、行道樹、庭園樹，木材可製作箱櫃，樹皮與氣根可製作民間用藥，可供觀賞，能吸收噪音、廢氣，種在市區可美化市容、改善環境。

故　　事　榕樹是常見的臺灣原生樹種，在農村地區因樹木龐大、樹齡悠久，常被視為「神木」。寺廟外多栽植榕樹作為蔽蔭乘涼之用，尤其是鄉下地方眾人聚集的村落，都以寺廟外或馬路旁的榕樹下作為集會的場所，所以榕樹在臺灣的農村文化中占有非常重要的地位。

圖 3－6 榕樹

資料來源

行政院農業委員會林業試驗所臺北植物園 —— 榕樹
https://tpbg.tfri.gov.tw/PlantContent.php?rid=797
（下載日期：2018/7/2）
國立臺灣大學生態學與演化生物學研究所 —— 榕樹
http://tai2.ntu.edu.tw/PlantInfo/species-name.php?code=308%20006%2018%200（下載日期：2018/7/2）
貓頭鷹出版自然系圖鑑 —— 榕樹
http://naturesys.com/plant/species/plant-025-00003/　榕　樹
India+Laurel+Fig（下載日期： 2018/7/2）

05. 力行 05 樹、里民 12 樹

中 文 名	樟樹
英 文 名	Camphor tree
學　　名	Cinnamomum camphora （L.） J. Presl
科　　別	樟科
別　　名	香樟、山鳥樟、栳樟、本樟、芳樟
原 產 地	中國大陸、臺灣、日本
生 活 型	常綠喬木
是否有毒	無毒
花　　期	4~6 月
花　　色	黃綠至白色
生長習性	喜溫暖濕潤氣候，不耐寒耐旱，對土壤要求不嚴。
觀賞重點	樹幹、樹形
性　　狀	樹幹有深裂紋路，全株具樟腦香氣。葉互生（每節只有生長一片葉子，依次交互排列），革質，全緣葉（葉緣平滑完整，沒有任何缺刻），闊卵形或橢圓形。花朵細小，圓錐花序（為總狀花序的複數組合，每一小花梗為一單獨的總狀花序，組合成寶塔狀）。果實成熟時呈紫黑色。
用　　途	因木質芳香，耐水防蟲，可供做建築、雕刻、箱櫃等材料。樹幹可提煉樟腦油、樟腦丸，另外也能製作成油料。枝葉全年濃密可供遮蔭，且能吸收噪音，對有害氣體抵抗力強，適合

種植在都市環境。

圖 3－7 樟樹

資料來源

行政院農業委員會林業試驗所臺北植物園 —— 樟樹
https://tpbg.tfri.gov.tw/PlantContent.php?rid=162
（下載日期：2018/7/2）
國立臺灣大學生態學與演化生物學研究所 —— 樟樹
http://tai2.ntu.edu.tw/PlantInfo/species-name.php?code=333%
20003%2003%200（下載日期：2018/7/2）
臺北市政府工務局公園路燈工程管理處 —— 樟樹
https://parks.taipei/Web/Plant/Detail/07EDBD87E39D40FCB
F4172CABCE11B16（下載日期： 2018/7/2）
貓頭鷹出版自然系圖鑑 —— 樟樹
http://naturesys.com/plant/species/plant-021-00001/ 樟 樹
Camphor+Tree （下載日期： 2018/7/2）

06. 力行 06 樹

中 文 名	羊蹄甲
英 文 名	Orchid tree
學　　名	Bauhinia variegata L.
科　　別	豆科
別　　名	南洋櫻花、香港櫻花、蘭花木、香港櫻花、馬蹄豆
原 產 地	中國大陸、印度
生 活 型	落葉喬木
是否有毒	無毒
花　　期	3~4 月
花　　色	花瓣粉紅色，有紫色條紋
生長習性	在排水良好的土壤中最適合生長，常見於高溫潮濕的地區。
觀賞重點	花、葉子
性　　狀	樹幹分枝多，葉片較薄，革質互生（每節只有生長一片葉子，依次交互排列），因為樹葉的形狀與羊蹄相似，故稱羊蹄甲。總狀花序（具帶柄花朵，該短柄稱之為花梗，沿花序軸排列，早開的花位於底部，新開的花位於頂部）。果實長，從樹上垂下，莢果扁平如豆莢，成熟

時呈現褐色。

用　　途　行道樹、庭園美化

圖 3-8 羊蹄甲

資料來源

行政院農業委員會林業試驗所臺北植物園 —— 羊蹄甲
https://tpbg.tfri.gov.tw/PlantContent.php?rid=593
（下載日期：2018/7/2）
國立臺灣大學生態學與演化生物學研究所 —— 羊蹄甲
http://tai2.ntu.edu.tw/PlantInfo/species-name.php?code=409%
20012%2010%200 （下載日期：2018/7/2）
貓頭鷹出版自然系圖鑑 —— 羊蹄甲
http://naturesys.com/plant/search/fulltext?q=羊蹄甲&c=full
text （下載日期：2018/7/2）

07. 力行 07 樹

中 文 名	洋紫荊
英 文 名	Purple Bauhinia,Purple Orchid Tree,Butterfly tree,Purple Camel's- foot tree
學　　名	Bauhinia purpurea L.
科　　別	豆科
別　　名	紫羊蹄甲
原 產 地	非洲、臺灣
生 活 型	喬木
是否有毒	無毒
花　　期	秋冬
花　　色	粉紅色
生長習性	在排水良好的土壤中最適合生長，常見於高溫潮濕的地區。
觀賞重點	花、葉子
性　　狀	樹幹有縱向裂紋。葉片薄，紙質，全緣（葉緣平滑完整，沒有任何缺刻），葉端和葉基（與葉柄相連處）深裂，成羊蹄形葉狀。 總狀花序（具帶柄花朵，該短柄稱之為花梗，沿花序軸排列，早開的花位於底部，新開的花位於頂部），花瓣倒披針形（基部狹長，

逐漸加寬）。莢果線形。

用　　途　景觀樹、庭園樹

圖 3-9 洋紫荊

資料來源

行政院農業委員會林業試驗所臺北植物園 ── 洋紫荊
https://tpbg.tfri.gov.tw/PlantContent.php?rid=269
（下載日期：2018/7/2）
國立臺灣大學生態學與演化生物學研究所 ── 洋紫荊
http://tai2.ntu.edu.tw/PlantInfo/species-name.php?code=409%
20012%2009%200 （下載日期：2018/7/2）

08. 力行 08 樹

中 文 名	艷紫荊
英 文 名	Hong Kong Orchid Tree
學　　名	Bauhinia purpurea L.
科　　別	豆科
別　　名	香港櫻花、香港蘭花樹
原 產 地	香港
生 活 型	落葉喬木
是否有毒	無毒
花　　期	11~2 月
花　　色	紫紅色
生長習性	在排水良好的土壤中最適合生長，常見於高溫潮濕的地區。
觀賞重點	葉子、花
性　　狀	枝條擴展呈下垂貌。葉片紙質，全緣（葉緣平滑完整，沒有任何缺刻），葉面光滑。總狀花序（具帶柄花朵，該短柄稱之為花梗，沿花序軸排列，早開的花位於底部，新開的花位於頂部）。艷紫荊通常以嫁接方法繁殖，一般將艷紫荊枝條嫁接在羊蹄甲樹上。
用　　途	庭園樹、行道樹
故　　事	艷紫荊是羊蹄甲和洋紫荊的天然雜交種，其最大的差別在於花、葉都較為大型。艷紫荊最早發現的產地在香港，一九九七年之後，香港特

區旗幟上的代表花就是艷紫荊。

圖 3-10 艷紫荊

資料來源

貓頭鷹出版自然系圖鑑 —— 艷紫荊

http://naturesys.com/plant/species/plant-017-00003/ 艷紫荊

Hong+Kong+Orchid+Tree（下載日期：2018/7/2）

09. 力行 09 樹

中 文 名	水黃皮
英 文 名	Pongam, Poonga-oil tree, India beech tree
學 名	Millettia pinnata （L.） G. Panigrahi
科 別	豆科
別 名	九重吹、水流豆
原 產 地	臺灣、中國南部、印度、馬來西亞、澳洲等地
生 活 型	半落葉中喬木
是否有毒	有毒
花 期	5~9 月
花 色	淡紫色
生長習性	常見於高溫、濕潤的環境，陽光充足或半陰的地方皆能生長。
觀賞重點	樹形、花
性 狀	樹冠傘形，主幹直立挺拔，深根性（根系向地中深處伸長）。葉子生長茂盛，往往重壓枝條，使枝條下垂生長。總狀花序（具帶柄花朵，該短柄稱之為花梗，沿花序軸排列，早開的花位於底部，新開的花位於頂部），花冠為蝶形（即由五枚離生花瓣構成外形如蝴蝶的形狀），有清香。

用　途　園景樹、行道樹及防風林。可製作成種子油，外用治療皮膚病，外敷治疥癬、膿瘡等，微劑量可用作催吐劑。樹皮含丹寧，用做鞣皮染劑。

故　事　水黃皮葉子揉搓後有臭味，所以又叫臭腥仔。

圖 3-11 水黃皮

資料來源

行政院農業委員會林業試驗所臺北植物園 —— 水黃皮
https://tpbg.tfri.gov.tw/PlantContent.php?rid=526 （下載日期：2018/7/2）

國立臺灣大學生態學與演化生物學研究所 —— 水黃皮
http://tai2.ntu.edu.tw/PlantInfo/species-name.php?code=409%20075%2005%200 （下載日期：2018/7/2）

臺北市政府工務局公園路燈工程管理處 —— 水黃皮
https://parks.taipei/Web/Plant/Detail/64CB98B9D28247EB85094800D380E5D5（下載日期： 2018/7/2）

貓頭鷹出版自然系圖鑑 —— 水黃皮
http://naturesys.com/plant/search/fulltext?q=%E6%B0%B4%E9%BB%83%E7%9A%AE&c=fulltext（下載日期：2018/7/2）

10.　力行 10 樹

中 文 名	羅漢松
英 文 名	Long-leaved Podocarp
學　　名	Podocarpus macrophyllus
科　　別	羅漢松科
別　　名	土杉、羅漢杉、江南柏、仙柏
原 產 地	臺灣、中國大陸、日本
生 活 型	常綠喬木
是否有毒	有毒
花　　期	4~5 月
花　　色	初為深紅色，後變為紫色，有白粉
生長習性	羅漢松屬於中性偏陰性樹種，能接受較強光照，也能在較陰暗的環境下生長。適合溫暖濕潤的氣候、稍耐寒，低於零度易凍傷。樹枝柔韌，抗風性強。
觀賞重點	葉子、樹形
性　　狀	樹幹筆直，樹皮呈現灰白色。花雌雄異株。果托肥大，肉質。種子廣卵形或球形，如人頭狀，8－9 月成熟，成熟時為紫綠色，種托似袈裟，全形宛如披袈裟之羅漢，故而得名羅漢松。
用　　途	建築、雕刻、庭園樹、盆景、行道樹

圖 3-12　羅漢松

資料來源

行政院農業委員會林業試驗所臺北植物園 —— 羅漢松
https://tpbg.tfri.gov.tw/PlantContent.php?rid=344
（下載日期：2018/7/13）
臺北市政府工務局公園路燈工程管理處 —— 羅漢松
https://parks.taipei/Web/Plant/Detail/FE6611CF7CCC4157A1
8AFBC4E48FCCD0 （下載日期：2018/7/13）

11. 力行 11 樹

中 文 名	大花紫薇
英 文 名	Queen Crape Myrtle,Pride of India,Queen Lagerstroemia
學　　名	Lagerstroemia speciosa （L.） Pers.
科　　別	千屈菜科
別　　名	大葉紫薇、大果紫薇、洋紫薇、百日紅、爆炸樹、鷺鷥花、五里香、紅薇花、佛相花、日紅
原 產 地	印度、印尼、馬來西亞、泰國、澳洲
生 活 型	落葉大喬木
是否有毒	有毒
花　　期	5~10 月
花　　色	桃紅色、紫紅色、紫色
生長習性	陽光充足的地方才會開花結果，為陽性樹種。
觀賞重點	花、樹形
性　　狀	葉面革質，為全緣葉（葉緣平滑完整，沒有任何缺刻），呈橢圓形至長披針形（葉向先端漸尖，葉基肥大），葉脈清楚可見，圓錐花序（為總狀花序的複數組合，每一小花梗為一單獨的總狀花序，組合成寶塔狀），花萼邊緣波浪狀。果實球形，成熟時呈褐色。種子扁平。

用　　途　樹皮可治腹痛，葉子可治糖尿病；木材可做鐵
　　　　　路枕木。四季變化大，為極受歡迎的庭園樹、
　　　　　行道樹，也可當防風林。大型的葉、花、蒴果，
　　　　　適合作為生態教學。

圖 3-13　大花紫薇

資料來源

行政院農業委員會林業試驗所臺北植物園 —— 大花紫薇
https://tpbg.tfri.gov.tw/PlantContent.php?rid=665
　　　　　　　　　　　　　　（下載日期：2018/7/2）
臺北市政府工務局公園路燈工程管理處 —— 大花紫薇
https://parks.taipei/Web/Plant/Detail/88C90ECF0EFB4995A
CAFC8E3AFABC81E　（下載日期：　2018/7/2）
貓頭鷹出版自然系圖鑑 —— 大花紫薇
http://naturesys.com/plant/species/plant-022-00002/大花紫薇
Queen+Lagerstroemia　（下載日期：2018/7/2）

12.　力行 12 樹

中 文 名	海棗
英 文 名	Formosan date palm
學　　名	Phoenix hanceana Naudin
科　　別	棕櫚科
別　　名	刺葵、臺灣糠榔、桄榔、糠榔、糠榔仔
原 產 地	臺灣原生
生 活 型	中型木本植物
是否有毒	無毒
花　　期	3~6 月
花　　色	黃色
生長習性	常見於低海拔山區、熱帶地區。
觀賞重點	樹幹、樹形、葉子
性　　狀	樹高 7~8 公尺。樹幹無刺，莖被有疣狀落葉痕，穗狀花序（無柄小花排列在一支不分枝的花序軸上）。果實為長橢圓形。
用　　途	行道樹、觀賞樹。果實甜度高，可食用。
故　　事	臺灣海棗和臺灣油杉、臺灣穗花杉、臺東蘇鐵並稱『臺灣四大奇木』。

圖 3-14　海棗

資料來源

行政院農業委員會林業試驗所臺北植物園 —— 臺灣海
棗 https://tpbg.tfri.gov.tw/PlantContent.php?rid=813

（下載日期：2018/7/2）

國立臺灣大學生態學與演化生物學研究所 —— 海棗
http://tai2.ntu.edu.tw/PlantInfo/species-name.php?code=629%
20020%2003%200 （下載日期：2018/7/2）

貓頭鷹出版自然系圖鑑 —— 海棗
http://naturesys.com/plant/search/fulltext?q=%E6%B5%B7%
E6%A3%97&c=fulltext （下載日期：2018/7/2）

13. 力行 13 樹

中 文 名	小葉欖仁
英 文 名	Madagascar Almond
學　　名	Terminalia mantaly H. Perrier
科　　別	使君子科
別　　名	細葉欖仁樹、澳洲欖仁樹
原 產 地	馬達加斯加島
生 活 型	落葉喬木
是否有毒	無毒
花　　期	3~4 月
花　　色	綠色
生長習性	常見於高溫潮濕地區，肥沃的沙質土壤為最佳生長環境，此外，需要良好的排水和和日照。
觀賞重點	葉子、樹形、枝幹
性　　狀	樹高可達 30 公尺。樹皮灰褐色，平滑不粗糙。葉小，葉片呈枇杷形。枝幹直挺細長。穗狀花序（無柄小花排列在一支不分枝的花序軸上）。果實橢圓形，狀似橄欖。
用　　途	可用作行道樹，庭園樹。樹材可供建築。果皮含鞣質，可作染料。枝條層層有序地向四周開展，像是人工修剪的造型，極為優雅美觀。由於樹姿優美，多種於庭園、公園、校園及道路旁，供綠化觀賞用。

圖 3-15　小葉欖仁

資料來源

行政院農業委員會林業試驗所臺北植物園 —— 小葉欖仁 https://tpbg.tfri.gov.tw/PlantContent.php?rid=1483

（下載日期：2018/7/2）

國立臺灣大學生態學與演化生物學研究所 —— 小葉欖仁 http://tai2.ntu.edu.tw/PlantInfo/species-name.php?code=461%20004%2004%200　（下載日期：2018/7/2）

貓頭鷹出版自然系圖鑑 —— 小葉欖仁 http://naturesys.com/plant/search/fulltext?q=%E5%B0%8F%E8%91%89%E6%AC%96%E4%BB%81&c=fulltext

（下載日期：2018/7/2）

14. 力行 14 樹

中 文 名	櫸榆
英 文 名	Chinese elm
學　　名	Ulmus parvifolia Jacq.
科　　別	榆科
別　　名	紅雞油
原 產 地	臺灣原生種
生 活 型	落葉中喬木
是否有毒	無毒
花　　期	10~12 月
花　　色	淡黃綠色
生長習性	適合光線充足的地區，耐乾旱，肥沃且排水良好的土壤為最佳生長環境。
觀賞重點	葉子、樹形
性　　狀	樹高可達 15 公尺。葉互生（每節只有生長一片葉子，依次交互排列），卵形或橢圓形，鈍鋸齒緣（葉的邊緣有鋸齒般的缺刻，鋸齒較鈍），葉片質地為革質或厚紙質。
用　　途	庭園造景、修剪造型、行道樹、高貴盆景

圖 3-16 榔榆

資料來源

行政院農業委員會林業試驗所臺北植物園 —— 榔榆
https://tpbg.tfri.gov.tw/PlantContent.php?rid=157
（下載日期：2018/7/2）
國立臺灣大學生態學與演化生物學研究所 —— 榔榆
http://tai2.ntu.edu.tw/PlantInfo/species-name.php?code=307%
20004%2001%200 （下載日期：2018/7/2）
貓頭鷹出版自然系圖鑑 —— 榔榆
http://naturesys.com/plant/search/fulltext?q=榔榆&c=fulltext
（下載日期：2018/7/2）

15. 力行 15 樹

中 文 名　榆樹

英 文 名　Siberian Elm

學　　名　Ulmus pumila L.

科　　別　榆科

別　　名　鑽天榆、榆錢樹、錢榆，長葉
家榆、黃藥家榆

原 產 地　東北亞

生 活 型　落葉喬木

是否有毒　無毒

花　　期　3~4 月

花　　色　白、粉紅

生長習性　溫帶植物，適合於肥沃的沙壤土環境，生命力
強，且生長速度快。

觀賞重點　葉子、樹形

性　　狀　樹高可達 25 公尺。葉子呈現橢圓形或橢圓狀
披針形（葉向先端漸尖，葉基肥大）。聚繖花
序（花序最內或中央的一朵花最先開放，然後
漸及於兩側開放）。

用　　途　可供建築、傢具製作及農具使用。榆樹為綠化
樹木，樹形優美、抗風力強、耐煙塵，是極優
異的景觀樹種，亦可培植成盆景。在西方，榆
木用來製作棺材。

圖 3-17 榆樹

資料來源

認識植物 —— 榆

http://kplant.biodiv.tw/榆/榆.htm　（下載日期：2018/7/4）

維基百科自由的百全書 —— 榆樹

https://zh.wikipedia.org/wiki/榆屬　（下載日期：2018/7/4）

16.　力行 16 樹、里民 21 樹

中 文 名	山櫻花
英 文 名	Red cherry,Taiwan cherry,Cherry Blossom
學　　名	Prunus campanulata Maxim.
科　　別	薔薇科
別　　名	緋櫻、鐘花櫻、山櫻桃、寒緋櫻、櫻花、福建山櫻花、緋寒櫻
原 產 地	臺灣
生 活 型	落葉喬木
是否有毒	無毒
花　　期	1~2 月
花　　色	紅色、深或淺粉紅色
生長習性	主要生長在海拔 3000-2000 公尺之暖帶至溫帶地區。陽性樹種，需要充足光線，少病蟲害，為典型誘鳥樹種。
觀賞重點	葉子、花
性　　狀	樹皮呈茶褐色且具光澤。單葉互生（每節只有生長一片葉子，依次交互排列），長橢圓形或卵形，重鋸齒緣（葉的邊緣有鋸齒般的缺刻，大鋸齒上又有小鋸齒）。繖形花序（花柄等長的小花生於花序軸頂端）。果實橢圓形，成熟時呈紅色或紫黑色。

用　　途　可切花、觀賞、誘鳥，適合作為庭園樹，果實可醃漬食用或釀酒。

圖 3-18 山櫻花

資料來源

行政院農業委員會林業試驗所臺北植物園 ── 山櫻花
https://tpbg.tfri.gov.tw/PlantContent.php?rid=918
（下載日期：2018/7/2）
國立臺灣大學生態學與演化生物學研究所 ── 山櫻花
http://tai2.ntu.edu.tw/PlantInfo/species-name.php?code=407%
20020%2003%200 （下載日期：2018/7/2）
臺北市政府工務局公園路燈工程管理處 ── 山櫻花
https://parks.taipei/Web/Plant/Detail/150C55031285427591B
10972CDEAF390（下載日期： 2018/7/2）
貓頭鷹出版自然系圖鑑 ── 山櫻花
http://naturesys.com/plant/search/fulltext?q=%E5%B1%B1%
E6%AB%BB%E8%8A%B1&c=fulltext
（下載日期：2018/7/2）

17. 力行 17 樹

中 文 名	阿勃勒
英 文 名	Golden shower senna, Indian laburnum
學 名	Cassia fistula L.
科 別	豆科
別 名	波斯皂莢、臘腸樹、阿梨、槐花青
原 產 地	印度
生 活 型	落葉大喬木
是否有毒	有毒
花 期	5~6 月
花 色	黃色
生長習性	適合生長在溫暖、日照充足的地區，不耐霜害。宜種植在排水良好之土壤中。
觀賞重點	花、樹形、果實
性 狀	樹高 8~12 公尺。一回偶數羽狀複葉（一枝葉柄兩側長了許多小葉，排列成羽毛狀），小葉片長約 10-15 公分，總狀花序（具帶柄花朵，該短柄稱之為花梗，沿花序軸排列，早開的花位於底部，新開的花位於頂部）。果實長條圓柱形，質硬，成熟時為黑褐色。
用 途	庭園樹、行道樹。冬季落葉讓陽光直射，夏季則有濃濃的樹蔭，可遮蔭乘涼。

圖 3-19 阿勃勒

資料來源

行政院農業委員會林業試驗所臺北植物園 —— 阿勃勒

https://tpbg.tfri.gov.tw/PlantContent.php?rid=159

（下載日期：2018/7/2）

臺北市政府工務局公園路燈工程管理處 —— 阿勃勒

https://parks.taipei/Web/Plant/Detail/7C7F75D0586046B9AB
C9BF39D76A7009 （下載日期： 2018/7/2）

貓頭鷹出版自然系圖鑑 —— 阿勃勒

http://naturesys.com/plant/search/fulltext?q=%E9%98%BF%
E5%8B%83%E5%8B%92&c=fulltext（下載日期：2018/7/2）

18. 力行 18 樹

中 文 名　小葉南洋杉

英 文 名　Norfolk Island Pine

學　　名　Araucaria excelsa（Lamb.）R. Br.

科　　別　南洋杉科

別　　名　南洋杉

原 產 地　澳洲

生 活 型　常綠喬木

是否有毒　無毒

花　　期　臺灣較少開花

花　　色　褐綠色

生長習性　適合生長在溫暖、陽光充足，且土壤肥沃、排水狀況良好的環境中。

觀賞重點　樹形、樹葉

性　　狀　葉呈鮮綠色，形小而質硬，呈針狀扁四稜形，為鐮刀狀彎曲。枝條先端柔軟，呈卵圓形，背面有稜。果實為毬果，球形，果鱗先端具反曲尖刺，內有種子一枚。

用　　途　觀賞樹木

圖 3-20　小葉南洋杉

資料來源

行政院農業委員會林業試驗所臺北植物園 —— 小葉
南洋杉

https://tpbg.tfri.gov.tw/PlantContent.php?rid=907

（下載日期：2018/7/2）

19. 力行 19 樹

中 文 名	輪傘莎草	
英 文 名	Palm crown. Umbrella flat sedge	
學　　名	Cyperus alternifolius	
科　　別	莎草科	
別　　名	風車草、傘草、輪傘草、傘葉莎草、輪傘莎草	
原 產 地	非洲、馬達加斯加島	
生 活 型	多年生常綠挺水性草本植物	
花　　期	11~4 月	
花　　色	土黃色	
生長習性	適合生長在陽光充足、溫暖潮濕的地區	
觀賞重點	葉子	
性　　狀	株高 50~150 公分。根莖粗短，鬚根堅硬。穗狀花序（無柄小花排列在一支不分枝的花序軸上）。果實橢圓形。	
用　　途	可觀賞、園藝、插花用，是優良水生植物、庭園耐陰性景觀植物。	
故　　事	莖頂呈放射狀，形似傘骨，因此得名。	

圖 3-21 輪傘莎草

資料來源

國立臺灣大學生態學與演化生物學研究所 —— 輪傘莎草

http://tai2.ntu.edu.tw/PlantInfo/species-name.php?code=627%
20006%2001%201 （下載日期：2018/7/2）

20. 力行 20 樹

中 文 名　水芙蓉

英 文 名　Shellflower, Tropicalduckweed,
Water lettuce, Water-bonner

學　　名　Pistia stratiotes L.

科　　別　天南星科

別　　名　水蓮、芙蓉蓮

原 產 地　熱帶美洲

生 活 型　漂浮水生植物

是否有毒　有毒

花　　期　6~10 月

花　　色　黃白色

生長習性　需要充足日照，生長在高溫潮濕的環境，適宜
溫度攝氏 20~30℃。

觀賞重點　葉子

性　　狀　全株密布細白色絨毛，具防水效果。葉緣波浪
狀（葉緣有如波浪般上下彎彎曲曲），葉基部
的短莖長有許多濃密鬚根，適合魚兒躲藏。走
莖性強（植株成長到一定大小時，從其莖基部
會生長出一側生的分芽），生長快速。佛焰花
序（為天南星科植物所特有，是肉穗花序的一
種，花軸肥厚、多肉質，根部包有一个佛焰苞）。

用　途　耐污能力強，能吸收許多重金屬元素，可以用
於廢水處理，也可以用作觀賞植物栽培。嫩葉
可供食用。

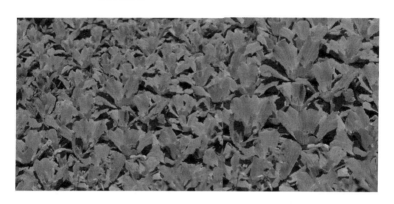

圖 3-22　水芙蓉

資料來源

行政院農業委員會林業試驗所臺北植物園 —— 大萍
https://tpbg.tfri.gov.tw/PlantContent.php?rid=151
（下載日期：2018/7/2）
國立臺灣大學生態學與演化生物學研究所 —— 水芙蓉
http://tai2.ntu.edu.tw/PlantInfo/species-name.php?code=632%
20016%2001%200 　（下載日期：2018/7/2）

21. 力行 21 樹

中 文 名	玉蘭花
英 文 名	Yulan Magnolia
學　　名	Michelia alba DC.
科　　別	木蘭科
別　　名	玉蘭、望春花、玉蘭花、白玉蘭、銀厚朴、白蘭、望春花
原 產 地	爪哇、印度
生 活 型	落葉喬木
是否有毒	無毒
花　　期	2~3 月、7~9 月（一年開兩次）
花　　色	白色
生長習性	適宜種植在溫暖濕潤氣候、肥沃疏鬆的土壤中、不耐乾旱也不耐積水。
觀賞重點	花、樹形
性　　狀	高達 15 公尺、葉互生（每節只有生長一片葉子，依次交互排列），花大且具有濃郁香氣。
用　　途	景觀樹木。花瓣可食、種子可榨油、樹皮可入藥。木材可以用來雕刻。花瓣亦可蒸餾或萃取香精，做為高級香水、化妝品之原料。

圖 3-23　玉蘭花

資料來源

行政院農業委員會林業試驗所臺北植物園 —— 玉蘭花
https://tpbg.tfri.gov.tw/PlantContent.php?rid=1132

（下載日期：2018/7/13）

貓頭鷹出版自然系圖鑑 —— 玉蘭花
http://naturesys.com/plant/search/fulltext?q=%E7%8E%89%
E8%98%AD%E8%8A%B1&c=fulltext

（下載日期：2018/7/13）

01. 里民 01 植

中 文 名	樹蘭
英 文 名	Chinese rice flower, Chinese Perfume Tree
學　　名	Aglaia odorata Lour
科　　別	楝科 Meliaceae
別　　名	米碎蘭、珠蘭、珍珠蘭、米蘭
原 產 地	中國大陸、馬來西亞、印尼、東南亞、印度一帶
生 活 型	常綠灌木或小喬木
是否有毒	無毒
花　　期	夏、秋季
花　　色	淡黃色
生長習性	適合溫暖濕潤氣候生長，不耐寒，微酸性疏鬆土壤環境為佳。
觀賞重點	葉子
性　　狀	高 5~6 公尺。樹皮紅褐色。葉互生（每節只有生長一片葉子，依次交互排列），為橢圓形或卵形，全緣葉（葉緣平滑完整，沒有任何缺刻），葉面有光澤。圓錐花序（為總狀花序的複數組合，每一小花梗為一單獨的總狀花序，組合成寶塔狀），具清香。果實卵形。
用　　途	可以燻茶、製線香或提煉香精。花朵為包種茶燻香香料之一。

圖 3-24　樹蘭

資料來源

行政院農業委員會林業試驗所臺北植物園 —— 樹蘭
https://tpbg.tfri.gov.tw/PlantContent.php?rid=462
（下載日期：2018/7/2）
國立臺灣大學生態學與演化生物學研究所 —— 樹蘭
http://tai2.ntu.edu.tw/PlantInfo.php　（下載日期：2018/7/2）
貓頭鷹出版自然系圖鑑 —— 樹蘭
http://naturesys.com/plant/search/fulltext?q=樹蘭&c=fulltext
（下載日期：2018/7/2）

02. 里民 02 植

中 文 名	冬青
英 文 名	Japanese holly
學　　名	Ligustrum liukiuense Koidz.
科　　別	木犀科
別　　名	女貞木、冬青木、東女貞、女真花、凍青樹、毛貞木、毛女貞
原 產 地	日本、韓國、中國
生 活 型	常綠灌木
是否有毒	有毒
花　　期	5~8 月
花　　色	白色
生長習性	生長在有日照，且氣候溫暖濕潤的地區，耐陰、耐寒、耐水。
觀賞重點	葉子、灌木型態
性　　狀	葉對生（每一莖節上生長兩片葉子，並且兩兩相對排列），葉片較厚呈革質，表面光滑，闊卵形至橢圓形，葉脈不明顯。新葉鵝黃色，老葉呈綠色。圓錐花序（為總狀花序的複數組合，每一小花梗為一單獨的總狀花序，組合成寶塔狀）。核果，果實卵形至橢圓形。
用　　途	庭園樹、綠籬、盆栽。嫩葉可供食用，種子可泡茶飲用，也具藥用效果。

圖 3-25　冬青

資料來源

行政院農業委員會林業試驗所臺北植物園 —— 冬青
https://tpbg.tfri.gov.tw/PlantContent.php?rid=1130

（下載日期：2018/7/2）

國立臺灣大學生態學與演化生物學研究所 —— 冬青
http://tai2.ntu.edu.tw/PlantInfo/species-name.php?code=511%
20004%2011%200 （下載日期：2018/7/2）

貓頭鷹出版自然系圖鑑 —— 冬青
http://naturesys.com/plant/search/fulltext?q=+%E6%97%A5
%E6%9C%AC%E5%A5%B3%E8%B2%9E&c=fulltext

（下載日期：2018/7/2）

03. 里民 03 植

中 文 名	法國海棠
英 文 名	Wax begonias, Angel Wing Begonias or fibrous begonias
學 名	Begonia coccinea 'Pinafore'
科 別	秋海棠科
別 名	大紅秋海棠、珊瑚秋海棠、箭竹形秋海棠
原 產 地	巴西
生 活 型	多年生草本
是否有毒	無毒
花 期	幾乎全年開花，但以秋、冬、春季較盛開
花 色	紅色
生長習性	適合在溫暖地區生長，忌高溫潮濕環境。
觀賞重點	葉子、花
性 狀	株高可達 60 公分以上。葉互生（每節只有生長一片葉子，依次交互排列），呈狹長三角形或歪心臟形，葉緣有波狀鋸齒，葉面為銅綠色，新葉及葉背為紅褐色。
用 途	觀賞植物

圖 3-26　法國海棠

資料來源

行政院農業委員會林業試驗所臺北植物園 —— 大紅秋
海棠

https://tpbg.tfri.gov.tw/PlantContent.php?rid=1074

（下載日期：2018/7/2）

http://flowers.hunternet.com.tw/showpost.php?p=3546344&p
ostcount=101　（下載日期：　2018/7/2）

http://classweb.loxa.edu.tw/clockloxa/plant/html/c/c002.htm
（下載日期：2018/7/2）

04. 里民 04 植

中 文 名	馬纓丹
英 文 名	Common lantana
學　　名	Lantana camara L.
科　　別	馬鞭草科
別　　名	馬櫻丹、五色梅、五龍蘭、臭草
原 產 地	西印度
生 活 型	常綠灌木
是否有毒	有毒
花　　期	四季開花
花　　色	隨溫度及成熟度而有不同
生長習性	全日照，適合排水良好的土壤。對環境要求不嚴苛，繁殖力強，在合適的生長地，便呈團塊大量生長。
觀賞重點	花
性　　狀	枝葉茂密，常具異味。頭狀花序（多數無柄的小花生於球形或圓錐形或扁平的花序軸上）。果實球形，肉質光滑，成熟時藍黑色，成串生長。
用　　途	觀賞，根可解熱、敷治蛇傷及瘀腫等。

圖 3-27 馬纓丹

資料來源

行政院農業委員會林業試驗所臺北植物園 —— 馬纓丹
https://tpbg.tfri.gov.tw/PlantContent.php?rid=135
（下載日期：2018/7/2）
國立臺灣大學生態學與演化生物學研究所 —— 馬纓丹
http://tai2.ntu.edu.tw/PlantInfo/species-name.php?code=521%
20008%2001%200 （下載日期：2018/7/2）
臺北市政府工務局公園路燈工程管理處 —— 馬纓丹
https://parks.taipei/Web/Plant/Detail/EA7C325A95E7405F84
6038FC00DD4A33 （下載日期：2018/7/2）

05.　里民 05 植

中 文 名	金露花
英 文 名	Golden dewdro, Pigeon berry, Creeping sky flowe, Sky flower
學　　名	Duranta repens L.
科　　別	馬鞭草科
別　　名	小本苦林盤、臺灣連翹、苦林盤、如意草、籬笆樹、金露華、假連翹
原 產 地	墨西哥至南美、熱帶美洲
生 活 型	常綠藤本或灌木
是否有毒	果實有毒
花　　期	4~10 月
花　　色	紫色、淡紫色、白色
生長習性	喜高溫多濕，但一般環境皆可生長，適應力強。
觀賞重點	葉子、花、樹形
性　　狀	莖有許多分枝，很長並且下垂。葉片紙質，表面光滑，為全緣葉（葉緣平滑完整，沒有任何缺刻）或有鋸齒。總狀花序（具帶柄花朵，該短柄稱之為花梗，沿花序軸排列，早開的花位於底部，新開的花位於頂部），常呈下垂狀。果實球形，成熟時橘黃色成串垂掛。

用　　途 賞花、觀果、綠籬。花季很長，適合栽植做庭院美化、盆栽觀賞植物，多為綠籬樹。花是中藥材，可當作興奮劑使用。

圖 3-28　金露花

資料來源

行政院農業委員會林業試驗所臺北植物園 —— 金露花

https://tpbg.tfri.gov.tw/PlantContent.php?rid=134

（下載日期：2018/7/3）

國立臺灣大學生態學與演化生物學研究所 —— 金露花

http://tai2.ntu.edu.tw/PlantInfo/species-name.php?code=521%20016%2001%200　（下載日期：2018/7/3）

貓頭鷹出版自然系圖鑑 —— 金露花

http://naturesys.com/plant/species/plant-040-00001/ 金露花 Golden+Dewdrop　（下載日期： 2018/7/3）

06. 里民 06 植

中 文 名	黃椰子
英 文 名	Yellow Palm
學　　名	Chrysalidocarpus lutescens（Bory.）　H.　A.　Wendl.repens L.
科　　別	棕櫚科
別　　名	散尾葵、黃蝶椰子
原 產 地	馬達加斯加島
生 活 型	落葉喬木
是否有毒	無毒
花　　期	5~8 月
花　　色	黃色
生長習性	生長在熱帶地區
觀賞重點	樹形、樹幹、樹葉
性　　狀	樹高約 8 公尺。樹幹無刺，環節明顯。葉片輪廓長橢圓形。肉穗花序（無柄單性小花生於肉質膨大的花序軸上）。果實倒圓錐形，成熟時紫紅色，具有香氣。
用　　途	觀賞或園藝造景
故　　事	屬名乃「蛹果」之意，因其果剝去外皮時，其形狀與蛹「Chrysalis」酷似而得名。

圖 3-29　黃椰子

資料來源

行政院農業委員會林業試驗所臺北植物園 —— 黃椰子

https://tpbg.tfri.gov.tw/PlantContent.php?rid=539

（下載日期：2018/7/3）

貓頭鷹出版自然系圖鑑 —— 黃椰子

http://naturesys.com/plant/search/fulltext?q=%E9%BB%83%
E6%A4%B0%E5%AD%90&c=fulltext

（下載日期：2018/7/3）

07. 里民 07 植

中 文 名	變葉木
英 文 名	Croton, Golden Spotted Leaf, Variegated Leaf Croton
學　　名	Codiaeum variegatum （L.）Blume
科　　別	大戟科
別　　名	彩葉木、錦葉木、酒金榕、變色葉
原 產 地	馬來西亞半島、南洋群島、爪哇、澳洲等熱帶地區
生 活 型	常綠灌木或小喬木
是否有毒	有毒
花　　期	全年
花　　色	多彩
生長習性	生長期莖葉生長迅速，需要充足水分，每天向葉面噴水，以保持空氣濕度。
觀賞重點	花萼、葉子
性　　狀	葉互生（每節只有生長一片葉子，依次交互排列），葉形有長葉、闊葉、角葉、戟葉、細葉、螺旋葉、母子葉等七種，葉色交雜變化萬千。總狀花序（具帶柄花朵，該短柄稱之為花梗，沿花序軸排列，早開的花位於底部，新開的花

位於頂部）。果實球形。

用　　途 盆栽、綠籬、庭園佈置、道路美化，枝葉可當
插花材料。

圖 3-30　變葉木

資料來源

行政院農業委員會林業試驗所臺北植物園 —— 變葉木
https://tpbg.tfri.gov.tw/PlantContent.php?rid=92

（下載日期：2018/7/3）

臺北市政府工務局公園路燈工程管理處 —— 變葉木
https://parks.taipei/Web/Plant/Detail/367B8D7AB806411FA
D3D5B70E0606A8E （下載日期： 2018/7/3）

08. 里民 08 植

中 文 名	四季秋海棠
英 文 名	Wax Begonia,Bedding Begonia.
學　　名	Begonia semperflorens Link. & Otto
科　　別	Begoniaceae 秋海棠科
別　　名	洋秋海棠
原 產 地	巴西
生 活 型	多年生宿根草本
是否有毒	無毒
花　　期	全年都可開花，但以秋末、冬、春較盛
花　　色	橙紅、桃紅、朱紅、粉紅、純白等色
生長習性	需要充足光照，適和生長溫度介於 20~25℃，此外，保持濕潤有利生長。
觀賞重點	葉子、花
性　　狀	株高約 15~60 公分。葉圓卵形，葉緣有不規則缺刻，葉面具蠟質光澤。葉色因品種而異，有綠、紅、褐綠及斑點等色。總狀花序（具帶柄花朵，該短柄稱之為花梗，沿花序軸排列，早開的花位於底部，新開的花位於頂 部）。果實種子細小。
用　　途	觀賞植物

圖 3-31　洋秋海棠

資料來源

行政院農業委員會林業試驗所臺北植物園 - — 四季
秋海棠

https://tpbg.tfri.gov.tw/PlantContent.php?rid=197

（下載日期：2018/7/3）

09. 力行 04 樹、里民 09 樹

中 文 名	榕樹
英 文 名	Chinese banyan, India laurel fig, Malay banyan, Marabutan, Small-leaved banyan, Yongshun
學　　名	Ficus microcarpa L. f.
科　　別	桑科
別　　名	榕、鳥榕、赤榕、山榕、鳥屎榕、正榕、松榕
原 產 地	臺灣原生、泛熱帶分布
生 活 型	常綠大喬木
是否有毒	有毒
花　　期	隱花，無法觀賞
花　　色	隱花，無法觀賞
生長習性	喜陽光充足，適合在溫暖濕潤氣候生長，不耐旱，在潮濕空氣中能有助於氣生根的生長（用以在空氣中吸收水氣）。
觀賞重點	氣生根、支柱根、樹形
性　　狀	樹高可達 20 公尺，樹幹粗壯。葉面質地為革質，厚而呈現皮革狀，表面光滑。果實成熟時呈紅或紫黑色，無柄。
用　　途	適作防風林、盆景、行道樹、庭園樹，木材可製作箱櫃，樹皮與氣根可製作民間用藥，可供觀賞，能吸收噪音、廢氣，種在市區可美化市容、改善環境。

故　　事 榕樹是常見的臺灣原生樹種，在農村地區因
樹木龐大、樹齡悠久，常被視為「神木」。
寺廟外多栽植榕樹作為蔽蔭乘涼之用，尤其
是鄉下地方眾人聚集的村落，都以寺廟外或
馬路旁的榕樹下作為集會的場所，所以榕樹
在臺灣的農村文化中占有非常重要的地位。

圖 3－32 榕樹

10. 力行 03 樹、里民 10 樹

中 文 名	茄苳	
英 文 名	Autumn Maple, Red Cedar	
學　　名	Bischofia javanica Blume	
科　　別	大戟科	
別　　名	重陽木、加冬、紅桐、秋楓樹、烏陽	
原 產 地	臺灣原生種、中國大陸、馬來西亞、印度、熱帶及亞熱帶地區	
生 活 型	半落葉大喬木	
是否有毒	有毒	
花　　期	3~5 月	
花　　色	淡綠色	
生長習性	適合生長在低海拔溫暖濕潤的平地，抗風能力強，而且耐旱。	
觀賞重點	葉子、樹形	
性　　狀	樹皮粗糙。葉子呈卵形或長橢圓形或橢圓形，葉緣細鋸齒狀；圓錐狀花序（為總狀花序的複數組合，每一小花梗為一單獨的總狀花序，組合成寶塔狀），花小，無花瓣。果實圓形。	
用　　途	適合當防風林與行道樹，是一種環保樹，水土保持的效果良好。果實、嫩葉均可食用，另有解毒、解熱、益筋骨、利尿、消炎、助發育等藥用功效。	

故　事　大而老的茄苳樹被以前的人視為神木,他們會在樹幹上綁上紅帶子,成為民間膜拜的大樹公。

圖 3-33 茄苳

資料來源

行政院農業委員會林業試驗所臺北植物園 —— 茄苳
https://tpbg.tfri.gov.tw/PlantContent.php?rid=153
　　　　　　　　　　　（下載日期:2018/7/2）
國立臺灣大學生態學與演化生物學研究所 —— 茄苳
http://tai2.ntu.edu.tw/PlantInfo/species-name.php?code=415%
20005%2001%200（下載日期:2018/7/2）
臺北市政府工務局公園路燈工程管理處 —— 茄苳
https://parks.taipei/Web/Plant/Detail/B07F3138D87C48C4A9
F4023B00340093（下載日期:2018/7/2）
貓頭鷹出版自然系圖鑑 —— 茄苳
http://naturesys.com/plant/species/plant-016-00001/%E8%8C
%84%E8%8B%B3Autumn+Maple（下載日期:2018/7/2）

11. 里民 11 植

中文名 黛粉葉

英文名 Dumb canes

學　名 Dieffenbachiamaculata
（Lodd.）Swett

科　別 天南星科

別　名 廣東萬年青

原產地 巴西

生活型 草本

是否有毒 莖汁有毒

花　期 秋季開花

花　色 白色

生長習性 性喜高溫多濕

觀賞重點 葉子、花

性　狀 莖直立，節間短，莖節明顯。葉片大，且為橢圓形，葉叢生（在短枝或極短的莖上，有兩片或兩片以上的葉子密接著生），葉面有各種乳白或乳黃色斑紋或斑點。佛焰花序（為天南星科植物所特有，是肉穗花序的一種，花軸肥厚、多肉質，根部包有一個佛焰苞）。果實橙黃或黃綠色。

用　途 觀賞植物

圖 3-34 黛粉葉

資料來源

行政院農業委員會林業試驗所臺北植物園 ── 黛粉葉
https://tpbg.tfri.gov.tw/PlantContent.php?rid=62

（下載日期：2018/7/3）

12. 力行 05 樹、里民 12 樹

中 文 名	樟樹
英 文 名	Camphor tree
學　　名	Cinnamomum camphora （L.） J. Presl
科　　別	樟科
別　　名	香樟、山鳥樟、栳樟、本樟、芳樟
原 產 地	中國大陸、臺灣、日本
生 活 型	常綠喬木
是否有毒	無毒
花　　期	4~6 月
花　　色	黃綠至白色
生長習性	喜溫暖濕潤氣候，不耐寒耐旱，對土壤要求不嚴。
觀賞重點	樹幹、樹形
性　　狀	樹幹有深裂紋路，全株具樟腦香氣。葉互生（每節只有生長一片葉子，依次交互排列），革質，全緣葉（葉緣平滑完整，沒有任何缺刻），闊卵形或橢圓形。花朵細小，圓錐花序（為總狀花序的複數組合，每一小花梗為一單獨的總狀花序，組合成寶塔狀）。果實成熟時呈紫黑色。
用　　途	因木質芳香，耐水防蟲，可供做建築、雕刻、箱櫃等材料。樹幹可提煉樟腦油、樟腦丸，另外也能製作成油料。枝葉全年濃密可供遮蔭，且能吸收噪音，　對有害氣體抵抗力強，適合

種植在都市環境。

圖 3－35 樟樹

資料來源

行政院農業委員會林業試驗所臺北植物園 ── 樟樹
https://tpbg.tfri.gov.tw/PlantContent.php?rid=162
（下載日期：2018/7/2）

國立臺灣大學生態學與演化生物學研究所 ── 樟樹
http://tai2.ntu.edu.tw/PlantInfo/species-name.php?code=333%
20003%2003%200（下載日期：2018/7/2）

臺北市政府工務局公園路燈工程管理處 ── 樟樹
https://parks.taipei/Web/Plant/Detail/07EDBD87E39D40FCB
F4172CABCE11B16 （下載日期： 2018/7/2）

貓頭鷹出版自然系圖鑑 ── 樟樹
http://naturesys.com/plant/species/plant-021-00001/樟樹
Camphor+Tree （下載日期： 2018/7/2）

13. 里民 13 植

中 文 名	馬拉巴栗
英 文 名	Cayenne nut, Malabar chestnut, Pachira, Pachira macrocarpa, Pachiranut, Pachira-nut malabar chestnut
學　　　名	Pachira macrocarpa （Cham. & Schl.） Schl.
科　　　別	Bombacaceae 木棉科
別　　　名	大果木棉、美國花生、美國土豆、南洋土豆、大果木棉樹、栗子樹、瓜栗、發財樹
原 產 地	中美洲墨西哥、哥斯大黎加、南美洲委內瑞拉、圭亞那
生 活 型	常綠喬木
是否有毒	無毒
花　　　期	5~6 月
花　　　色	白色
生長習性	耐陰、耐旱，一般地區皆可生長
觀賞重點	葉子、樹形
性　　　狀	樹高可達 6 公尺，樹幹挺直，樹皮光滑綠色。掌狀複葉（一枝葉柄長了五片以上的小葉，小葉在柄端排列成手掌狀），葉子呈長橢圓形至倒卵形，葉面具光澤，常被打蠟以增加美觀。果實長橢圓形。種子表面為褐色夾白色螺紋。

用　　途　庭園造景；木材可供作木漿及紙漿原料；種子可製罐頭、食用；葉子為製作葉脈標本的良好材料。

圖 3－36　馬拉巴栗

資料來源

行政院農業委員會林業試驗所臺北植物園 ── 馬拉巴栗
https://tpbg.tfri.gov.tw/PlantContent.php?rid=1129
（下載日期：2018/7/3）

國立臺灣大學生態學與演化生物學研究所 ── 馬拉巴栗
http://tai2.ntu.edu.tw/PlantInfo/species-name.php?code=441%20005%2001%200　（下載日期：2018/7/3）

貓頭鷹出版自然系圖鑑 ── 馬拉巴栗
http://naturesys.com/plant/species/plant-007-00003/%E9%A6%AC%E6%8B%89%E5%B7%B4%E6%A0%97Pachira-nut
（下載日期：2018/7/3）

14. 里民 14 植

中 文 名	直立牽牛花
英 文 名	Bush clockvine
學　　名	Thunbergia erecta（Benth.）T. Anders.
科　　別	Bombacaceae　木棉科
別　　名	大果木棉、美國花生、美國土豆、南洋土豆、大果木棉樹、栗子樹、瓜栗、發財樹
原 產 地	熱帶西非
生 活 型	半常綠灌木
是否有毒	無毒
花　　期	5~12 月
花　　色	藍紫色
生長習性	耐旱，適合高溫地區種植，砂質土壤為最佳生長環境。
觀賞重點	花
性　　狀	莖直立多枝，枝條細緻低垂。葉片卵菱形，葉全緣淺疏鋸齒。單頂花序（每一朵花莖僅開一朵花），具兩側對稱的花冠。果實下部圓形，先端具扁平喙尖。
用　　途	庭園叢植、綠籬、或大型盆栽

圖 3－37 直立牽牛花

資料來源

行政院農業委員會林業試驗所臺北植物園 —— 立鶴花

https://tpbg.tfri.gov.tw/PlantContent.php?rid=145

（下載日期：2018/7/3）

15. 里民 15 植

中 文 名	朱蕉
英 文 名	Tree of Kings, Common dracena, Good-luck plant
學　　名	Cordyline fruticosa Goepp
科　　別	龍舌蘭科
別　　名	紅竹、千年木、朱竹、紅葉鐵樹、紅鐵樹、觀音竹
原 產 地	中國大陸、印度、馬來西亞、波里尼西亞
生 活 型	常綠灌木
是否有毒	無毒
花　　期	11~3 月
花　　色	白紫色
生長習性	生長在攝氏 25℃地區，在排水良好的砂質壤土尤佳，適合本土環境。
觀賞重點	葉子
性　　狀	株高 1~2 公尺，若是盆栽則生長較為緩慢，成株矮小。全株除了青綠色外， 紅色占了絕大部分。葉叢生（在短枝或極短的莖上，有兩片或兩片以上的葉子密接著生），為細長劍形，葉邊常帶深紅色，在陽光下十分搶眼。
用　　途	藥用有解熱、祛傷、解鬱、涼血、止血、散瘀、止痛等功效，也可作盆栽或庭園觀賞樹。

圖 3－38 朱蕉

資料來源

行政院農業委員會林業試驗所臺北植物園 —— 朱蕉

https://tpbg.tfri.gov.tw/PlantContent.php?rid=72

（下載日期：2018/7/3）

國立臺灣大學生態學與演化生物學研究所 —— 朱蕉

http://tai2.ntu.edu.tw/PlantInfo/species-name.php?code=612%
20002%2001%200 （下載日期：2018/7/3）

貓頭鷹出版自然系圖鑑 —— 朱蕉

http://naturesys.com/plant/species/plant-046-00003/%E6%9C
%B1%E8%95%89 （下載日期：2018/7/3）

16. 里民 16 植

中 文 名	海桐
英 文 名	Tobira pittosporum, Japanese pittosporum,Tobira pittosporum
學　　名	Pittosporum tobira（Thunb.）W. T. Aiton
科　　別	海桐科
別　　名	七里香、海桐花
原 產 地	臺灣、江蘇、福建、廣東
生 活 型	常綠灌木或小喬木
是否有毒	無毒
花　　期	2~4 月
花　　色	白色
生長習性	耐寒也耐熱，對土壤的適應性強，多生長於濱海地區。
觀賞重點	葉子、樹形
性　　狀	嫩枝無毛。葉片倒披針形（基部狹長，逐漸加寬）。葉端鈍圓形，葉緣稍反捲，革質。圓錐花序（為總狀花序的複數組合，每一小花梗為一單獨的總狀花序，組合成寶塔狀），花具芳香。
用　　途	庭園觀賞、海岸防風、綠籬

圖 3－39 海桐

資料來源

行政院農業委員會林業試驗所臺北植物園 —— 海桐
https://tpbg.tfri.gov.tw/PlantContent.php?rid=26

（下載日期：2018/7/3）

國立臺灣大學生態學與演化生物學研究所 —— 海桐
http://tai2.ntu.edu.tw/PlantInfo/species-name.php?code=406%
20001%2005%200 （下載日期：2018/7/3）

17. 里民 17 植

中 文 名	扁擔杆
英 文 名	Bilobed grewia, Two-lobed Fruit grewia, Chinese grewia
學 名	Grewia biloba
科 別	錦葵科
別 名	棉筋條、娃娃拳、麻糖果、厚葉捕魚木、狗麇子、月亮皮、葛荊麻、七葉蓮
原 產 地	中國大陸
生 活 型	型灌木或小喬木
是否有毒	無毒
花 期	5~7 月
花 色	白色
生長習性	適合日照充足環境，多見於溫暖濕潤氣候地區，耐旱、稍耐陰。
觀賞重點	葉子、花
性 狀	高 1~4 公尺。葉互生（每節只有生長一片葉子，依次交互排列），葉片薄革質，橢圓形或倒卵狀橢圓形，先端銳尖，邊緣細鋸齒。聚繖花序（花序最內或中央的一朵花最先開放，然後漸及於兩側開放）。果實紅色。
用 途	中藥材，以根或全株入藥。內服可浸酒；外用則搗敷。

圖 3－40 扁擔杆

資料來源

中國醫藥學院藥用植物圖片數據庫 —— 扁擔杆

http://libproject.hkbu.edu.hk/was40/detail?lang=ch&channeli
d=1288&searchword=herb_id=D00979

（下載日期：2018/7/4）

18. 里民 18 植

中 文 名	百香果
英 文 名	Granadilla, Passion fruit, Purple granadilla, Purple passion fruit
學　　名	Passiflora edulis Sims
科　　別	西番蓮科
別　　名	西番果、時計果、時鐘果、西番蓮果
原 產 地	巴西
生 活 型	多年生蔓性藤本植物
是否有毒	未成熟的果肉含產氰性配糖體（Cyanogenic glycoside）有毒性，成熟後則無毒性
花　　期	5~12 月
花　　色	白色、紫色
生長習性	適合在陽光充足地區生長，耐旱性強，但不耐濕。
觀賞重點	花、果實、樹形
性　　狀	莖略木質。葉橢圓狀，葉緣鋸齒，葉面平滑。百香果的花多了一種迷人的綴飾——副花冠，為單頂花序（每一朵花莖僅開一朵花）。果實為漿果，分紫色種（本地種）與黃色種（引進種），其差異在於大小，紫色較小，黃色較大。
用　　途	以果汁具有特殊風味而著名，也可藥用。

圖 3-41 百香果

資料來源

行政院農業委員會林業試驗所臺北植物園 ── 百香果
https://tpbg.tfri.gov.tw/PlantContent.php?rid=681

（下載日期：2018/7/3）

國立臺灣大學生態學與演化生物學研究所 ── 百香果
http://tai2.ntu.edu.tw/PlantInfo/species-name.php?code=448%
20002%2001%200 （下載日期：2018/7/3）

貓頭鷹出版自然系圖鑑 ── 百香果
http://naturesys.com/plant/search/fulltext?q=%E7%99%BE%
E9%A6%99%E6%9E%9C&c=fulltext

（下載日期：2018/7/3）

19. 里民 19 植

中 文 名	翠蘆莉
英 文 名	Mexican Petunia
學　　名	Ruellia brittoniana Leonard
科　　別	爵床科
別　　名	日日見花、紫花蘆莉草、藍花草、藍花草、蘆莉草
原 產 地	墨西哥
生 活 型	宿根性草本
是否有毒	無毒
花　　期	4~10 月
花　　色	藍紫色、白色
生長習性	適合高溫環境，生性強健，引進臺灣後馴化，田野常見。
觀賞重點	花、葉子
性　　狀	分高性或矮性種。莖略呈方形，紅褐色。葉呈線狀披針形（葉向先端漸尖），對生（每一莖節上生長兩片葉子，並且兩兩相對排列）。聚繖花序（花序最內或中央的一朵花最先開放，然後漸及於兩側開放），花謝後即結成果莢，果莢由綠轉成褐色即可採收種子。
用　　途	花姿優美，適合庭園成簇美化或盆栽。

圖 3－42 翠蘆莉

資料來源

行政院農業委員會林業試驗所臺北植物園 —— 翠蘆莉
https://tpbg.tfri.gov.tw/PlantContent.php?rid=663
（下載日期：2018/7/3）
國立臺灣大學生態學與演化生物學研究所 —— 翠蘆莉
http://tai2.ntu.edu.tw/PlantInfo/species-name.php?code=527%
20012%2003%200 （下載日期：2018/7/3）

20. 力行 16 樹、里民 20 樹

中 文 名	山櫻花
英 文 名	Red cherry, Taiwan cherry, Cherry Blossom
學　　名	Prunus campanulata Maxim
科　　別	薔薇科
別　　名	緋櫻、鐘花櫻、山櫻桃、寒緋櫻、櫻花、福建山櫻花、緋寒櫻
原 產 地	臺灣
生 活 型	落葉喬木
是否有毒	無毒
花　　期	1~2 月
花　　色	紅色、深或淺粉紅色
生長習性	主要生長在海拔 3000-2000 公尺之暖帶至溫帶地區。陽性樹種，需要充足光線，少病蟲害，為典型誘鳥樹種。
觀賞重點	葉子、花
性　　狀	樹皮呈茶褐色且具光澤。單葉互生（每節只有生長一片葉子，依次交互排列），長橢圓形或卵形，重鋸齒緣（葉的邊緣有鋸齒般的缺刻，大鋸齒上又有小鋸齒）。繖形花序（花柄等長的小花生於花序軸頂端）。果實橢圓形，成熟時呈紅色或紫黑色。

用　途 可切花、觀賞、誘鳥，適合作為庭園樹，果實
可醃漬食用或釀酒。

圖 3-43 山櫻花

資料來源
行政院農業委員會林業試驗所臺北植物園 —— 山櫻花
https://tpbg.tfri.gov.tw/PlantContent.php?rid=918
（下載日期：2018/7/2）
國立臺灣大學生態學與演化生物學研究所 —— 山櫻花
http://tai2.ntu.edu.tw/PlantInfo/species-name.php?code=407%
20020%2003%200 （下載日期：2018/7/2）
臺北市政府工務局公園路燈工程管理處 —— 山櫻花
https://parks.taipei/Web/Plant/Detail/150C55031285427591B
10972CDEAF390（下載日期： 2018/7/2）
貓頭鷹出版自然系圖鑑 —— 山櫻花
http://naturesys.com/plant/
search/fulltext?q=%E5%B1%B1%E6%AB%BB%E8%8A%B
1&c=fulltext （下載日期：2018/7/2）

21. 里民 21 植

中 文 名	仙丹花
英 文 名	Ixora, Chinensis Ixora, Flame of the woods, Jungle Flame
學　　名	Ixora chinensis Lam
科　　別	茜草科
別　　名	山丹花、紅繡球、買子木、三段花、矮仙丹
原 產 地	中國大陸、馬來西亞
生 活 型	常綠灌木或小喬木
是否有毒	有毒
花　　期	5~10 月
花　　色	白、黃、紅、粉紅、洋紅、橙紅色
生長習性	適合生長在高溫潮濕且陽光充足的環境，耐濕不耐旱，耐高溫不耐寒。
觀賞重點	葉、花
性　　狀	株高 1~3 公尺。葉對生（每一莖節上生長兩片葉子，並且兩兩相對排列）、革質。頂生繖形花序（花柄等長的小花生於花序軸頂端），呈半球形。
用　　途	切花、盆栽、綠籬、庭園花壇，也可藥用。

圖 3-44 仙丹花

資料來源

行政院農業委員會林業試驗所臺北植物園 —— 仙丹花
https://tpbg.tfri.gov.tw/PlantContent.php?rid=38
　　　　　　　　　（下載日期：2018/7/13）
臺北市政府工務局公園路燈工程管理處 —— 仙丹花
https://parks.taipei/Web/Plant/Detail/7285274C593E491DBB
849EDDE7F8CBD7（下載日期： 2018/7/13）
貓頭鷹出版自然系圖鑑 —— 仙丹花
http://naturesys.com/plant/species/plant-045-00011/%E8%B3
%A3%E5%AD%90%E6%9C%A8（下載日期：2018/7/13）
認識植物 —— 仙丹花
http://kplant.biodiv.tw/%E4%BB%99%E4%B8%B9%E8%8
A%B1/%E4%BB%99%E4%B8%B9%E8%8A%B1910716.ht
m（下載日期：2018/7/13）

22. 里民22植

中 文 名	朱槿
英 文 名	Chinesehibiscus, Rose-of-china, Scarlet rose mallow, Shoe-flower
學　　名	Hibiscus rosa-sinensis
科　　別	錦葵科
別　　名	扶桑、吊燈花、佛桑、火紅花、日及、照殿紅 、土紅花、大紅花、扶桑花、燈籠花、福桑、花上花、赤槿、紅扶桑、紅木槿、火紅花、宋槿、二紅花、假牡丹、中國薔薇、桑槿
原 產 地	中國、中國華南、東非及印度等地
生 活 型	多年生常綠灌木或小喬木
是否有毒	無毒
花　　期	5~10月
花　　色	朱紅、黃、白、桃紅、橙、粉紅色
生長習性	在高溫潮濕環境中生長。適合全日照環境，並因其開花性良好，花朵色彩繽紛，且具有耐修剪、分蘖多等特性，因此為優良的綠籬植栽。
觀賞重點	葉、花
性　　狀	枝上密佈皮孔。單頂花序（每一朵花莖僅開一朵花），花形有單瓣及重瓣，漏斗型花。花蕊為其重要特徵，在植物學上稱為「雄蕊筒」或是「花絲筒」，雌蕊先端裂成五個柱頭，雄蕊的花絲聚集在一起形成花絲筒包住雌蕊花柱。

用　途　庭園綠籬及觀賞花木

故　事　為馬來西亞之國花，亦為夏威夷州花。

圖 3-45 朱槿

資料來源

行政院農業委員會林業試驗所臺北植物園 —— 朱槿
https://tpbg.tfri.gov.tw/PlantContent.php?rid=166 （下載日
期：2018/8/23）

國立臺灣大學生態學與演化生物學研究所 —— 朱槿
http://tai2.ntu.edu.tw/PlantInfo/species-name.php?code=440%
20005%2009%200（下載日期：2018/8/23）

臺北市政府工務局公園路燈工程管理處 —— 朱槿
https://parks.taipei/Web/Plant/Detail/5A1042AC622A41ADA
60AC356681FB462（下載日期：2018/8/23）

貓頭鷹出版自然系圖鑑 —— 朱槿
http://naturesys.com/herbs/search/fulltext?q=%E6%9C%B1%
E6%A7%BF&c=fulltext　　（下載日期：2018/8/23）

23.　里民 23 植

中 文 名　鑲邊竹蕉

英 文 名　Dragon Tree

學　　名　Dracaena marginata

科　　別　龍舌蘭科

別　　名　紅邊竹蕉、鑲邊千年木

原 產 地　馬達加斯加

生 活 型　常綠灌木

是否有毒　對貓咪有毒

花　　期　夏季

花　　色　白色

生長習性　生長在高溫潮濕地區

觀賞重點　葉子

性　　狀　枝幹有類似竹節的環狀葉痕。葉呈線形，葉面
具光澤，顏色為全綠色或是邊緣處有乳白色邊
或金黃色的條紋。圓錐花序（為總狀花序的複
數組合，每一小花梗為一單獨的總狀花序，組
合成寶塔狀）。園藝栽培者罕見開花。

用　　途　觀賞植物

圖 3-46 鑲邊竹蕉

資料來源

行政院農業委員會農業知識入口網 —— 鑲邊竹蕉

https://kmweb.coa.gov.tw/Illustrations/detail.aspx?id=854629

（下載日期：2018/7/3）

2010 臺北國際花卉博覽會植栽資料

http://taibif.tw/flower/alient_detail.php?sc=Dracaena+sanderi

ana&locale=tw （下載日期：2018/7/5）

莊溪，認識植物

http://kplant.biodiv.tw/千年木/千年木.htm

（下載日期：2018/10/21）

24. 里民 24 植

中 文 名　武竹

英 文 名　Cochinchinese asparagus

學　　名　Asparagus cochinchinensis
　　　　　（Lour.）　Merr

科　　別　百合科

別　　名　天門冬

原 產 地　南非

生 活 型　多年生攀緣性草本

是否有毒　無毒

花　　期　5~10 月

花　　色　淡，紅色至白色

生長習性　多年生草本植物

觀賞重點　葉子

性　　狀　枝長可達 2 公尺。莖半木質化，呈細蔓狀長，分枝多。葉片退化呈細鱗狀 2 至 3 枚，幾乎無任何作用，呈綠色尖銳而略彎曲。總狀花序（具帶柄花朵，該短柄稱之為花梗，沿花序軸排列，早開的花位於底部，新開的花位於頂部）。

用　　途　為特種蔬菜，內含天冬素等特殊成分。其乾燥塊根是治療咳嗽的常用中藥，在中國古時也被當作延年益壽、延緩衰老、養顏美白的

美容聖品。嫩葉和塊根都可煮食。

圖 3-47 武竹

資料來源

國立臺灣大學生態學與演化生物學研究所 —— 天門冬
http://tai2.ntu.edu.tw/PlantInfo/species-name.php?code=610%
20005%2001%200 （下載日期：2018/7/3）
貓頭鷹出版自然系圖鑑 —— 天門冬
http://naturesys.com/plant/search/fulltext? =武竹&c=fulltext
（下載日期：2018/7/3）
http://kplant.biodiv.tw/%E6%AD%A6%E7%AB%B9/%E6%
AD%A6%E7%AB%B9.htm （下載日期：2018/7/3）
維基百科自由的百科全書 —— 武竹
https://zh.wikipedia.org/wiki/%E6%AD%A6%E7%AB%B9
（下載日期：2018/7/3）

128　台北市劍潭里植物文化

25. 里民 25 樹

中 文 名	落羽松
英 文 名	Bald cypress, Gulf cypress, Southern cypress
學　　名	Taxodium distichum (L.) Rich
科　　別	杉科 (Taxodlaceae)
別　　名	落羽杉、美國水松、美國水杉等
原 產 地	北美濕地及沼澤地
生 活 型	大型落葉喬木
是否有毒	無毒
花　　期	11~1 月
花　　色	成熟時淡褐黃色，帶有白粉
生長習性	喜好涼爽的環境，適合生長的溫度約為 13 至 26 ℃，栽培土質以肥沃之砂質壤土或腐植質土為佳，喜好排水良好及日照充足的環境。
觀賞重點	葉子
性　　狀	株高可達 50 公尺。葉片互生，柔細狀似羽毛，葉背帶白色的色澤，且葉色會隨著四季變化（春天為淺綠色嫩芽，夏天為深綠色，秋天為紅褐色，而冬季時葉片則會全部掉落）春季開花，花朵為單性花，花小不明顯，雌雄同株，毬果呈球形。為了克服原生地苛刻的環境，發

展出呼吸根（又稱為膝根），避免根部長期浸泡於水中導致窒息死亡。

用　　途　木材、觀賞植物。

圖 3-48　落羽松

資料來源

行政院農業委員會林業試驗所臺北植物園 ── 落羽松
https://tpbg.tfri.gov.tw/PlantContent.php?rid=640

（下載日期：2018/8/23）

臺北市政府工務局公園路燈工程管理處 ── 落羽松
https://parks.taipei/Web/Plant/Detail/E203E35508034FDB8B
B4004B16159CC8（下載日期：2018/8/23）

中國植物誌
http://frps.eflora.cn/frps/Taxodium%20distichum
（下載日期；2018/10/21）